BEI GRIN MACHT SICH IHR WISSEN BEZAHLT

- Wir veröffentlichen Ihre Hausarbeit,
  Bachelor- und Masterarbeit

- Ihr eigenes eBook und Buch -
  weltweit in allen wichtigen Shops

- Verdienen Sie an jedem Verkauf

Jetzt bei www.GRIN.com hochladen
und kostenlos publizieren

Andreas Kochanowski

Grundwasser - Zu Grundwasserneubildung, Grundwasserbewegung und Grundwassermodellierung

GRIN Verlag

Bibliografische Information der Deutschen Nationalbibliothek:

Die Deutsche Bibliothek verzeichnet diese Publikation in der Deutschen National-
bibliografie; detaillierte bibliografische Daten sind im Internet über http://dnb.d-
nb.de/ abrufbar.

Impressum:

Copyright © 2002 GRIN Verlag GmbH
Druck und Bindung: Books on Demand GmbH, Norderstedt Germany
ISBN: 978-3-640-82717-6

Dieses Buch bei GRIN:

http://www.grin.com/de/e-book/41646/grundwasser-zu-grundwasserneubildung-
grundwasserbewegung-und-grundwassermodellierung

GRIN - Your knowledge has value

Der GRIN Verlag publiziert seit 1998 wissenschaftliche Arbeiten von Studenten, Hochschullehrern und anderen Akademikern als eBook und gedrucktes Buch. Die Verlagswebsite www.grin.com ist die ideale Plattform zur Veröffentlichung von Hausarbeiten, Abschlussarbeiten, wissenschaftlichen Aufsätzen, Dissertationen und Fachbüchern.

Besuchen Sie uns im Internet:

http://www.grin.com/

http://www.facebook.com/grincom

http://www.twitter.com/grin_com

Friedrich-Schiller- Universität

Institut für Geographie

Sommersemester 2002

PS II – Systemanalyse und Hydrologische Modellierung

Hausarbeit zum Thema:
Grundwasser

vorgelegt von:

Andreas Kochanowski
Abgabe 24.06.2002

Inhalt

1 Einleitung

Diese Hausarbeit hat das Grundwasser zum Thema und soll dessen Vorkommen, Verhalten und Dynamik aufzeigen. Das Grundwasser schließt sich der ungesättigten Zone im Erdreich an und ist ein bedeutender Bestandteil des Wasserkreislaufes. Ich versuche die wichtigen Einflussfaktoren auf den Grundwasserhaushalt heraus zu stellen und am Ende der Arbeit einige Modellkonzepte vorzustellen und einen Vergleich der Grundwassermodellierung mit dem oberirdischen Einzuggebiet zu ziehen.

2 Bedeutung

Grundwasser stellt ca. 50 % der gesamten Wasservorräten der Erde da. Ihm gebührt daher große Bedeutung, denn es trägt in weiten Gebieten die Hauptlast der Wasserversorgung. Es dient als Beregnungs- Brauch und vor allem als Trinkwasser. In Deutschland wird 75% der Wasserversorgung durch das Grundwasser gesichert. Die Beschaffenheit des Grundwassers ist nicht so großen Schwankungen wie oberirdische Gewässer unterworfen und stellt durch seine hohe Qualität den wertvollsten Teil der Wasserressourcen dar (HÖLTING, B. 1980:265 ff.). Das Wasser fungiert als mobile konvektive Transportphase und als Lösungsmittel ist es stark an Lösungs- und Stofftransportprozessen beteiligt. Seine katalytische Eigenschaft, führt beim Grundwasserfließen zu Selbstreinigungsvorgängen. Das oberflächennahe Grundwasser ist ein bestimmendes Element bei der Vegetationsausprägung und Grundwassersenkungen können zur Veränderung dieser führen. Grundwasserabsenkung kann im Bereich der Forst- und Landwirtschaft zu Ertragsminderung und im Siedlungsbereich zu Baugrundschäden führen (Keller, R. 1980 ff.).

3 Grundwasser

Das Grundwasser wird nach der DIN 4049 als „*Unterirdisches Wasser, das die Hohlräume der Erdrinde zusammenhängend ausfüllt und dessen Bewegung ausschließlich oder nahezu ausschließlich von der Schwerkraft und den durch die Bewegung selbst ausgelösten Reibungskräften bestimmt wird.*" definiert (JORDAN, H. & H.-J. WEDER 1995:31). Die Grundwasserzone schließt sich direkt der ungesättigten Zone an und wird auch als gesättigte Zone bezeichnet. In der gesättigten Zone, wird nach den verschiedenen Vorkommen das Grundwasser unterschieden. Es wird in juveniles und fossiles Wasser unterteilt, wobei das *juvenile Wasser* von flüssigen Gesteinsschmelzen bei der magmatischen Differentiationen abgegeben wird, aufsteigt und somit am Wasserkreislauf teilnimmt. Das *fossile Wasser* dagegen nimmt an dem aktuellen Wasserkreislauf nicht direkt teil und ist von wasserundurchlässigem Gestein umgeben. Diese Art von Grundwasser findet man häufig in ariden Gebieten und bewegt sich, wenn überhaupt äußerst langsam und in geologischen Zeiträumen. Eine weiter Form ist das konnate Wasser, welches bei der Sedimentierung in den Poren eingeschlossen wurde. Dieses Wasser reagiert mit den Sedimentpartikeln und ist an bestimmte Schichten gebunden und wird auch als Formationswasser bezeichnet(BAUMGARTNER, A.& H.-J. LIEBSCHER 1990:408 f.).

3.1 Grundwasserleiter bzw. Grundwasserstauer

Die Eigenschaften von Böden sind Wasser zu speichern und Wasser zu leiten. Daher werden Gesteine mit einem großen Porenvolumen und Porosität als *Grundwasserleiter* bezeichnet, da diese Böden (Sand & Kies) eine hohe Leitfähigkeit und ein gutes Speichervermögen von Wasser besitzen (DYCK, S. & G. PESCHKE 1995:320). Grundwasserleiter oder Aquifere werden nach ihrer Festigkeit und Hohlräumen unterteil. Der Lockergestein-Aquifer besitzt keine Klüfte oder Trennfugen und das Wasser zirkuliert in den Poren, daher wird dieser auch Porengrundwasserleiter genannt. Dieser Grundwasserleiter kann viel Wasser speichern und gibt dieses nur langsam an den Vorfluter ab. Die zweite Form ist der Festgestein-Aquifer, der durch Klüfte und Trennfugen charakterisiert ist und wenig Wasser speichern kann und das Wasser schnell dem Vorfluter zuführt. Es findet eine Unterteilung des Festgesteins-Aquifer in nichtverkarstungsfähige und verkarstungsfähige Gesteine (Karstgrundwasserleiter) wie Sulfatgestein oder Karbonatgestein statt. In diesem Aquifer zirkuliert das Wasser in Klüften, Trennfugen und an Trennflächen (BAUMGARTNER, A.& H.-J. LIEBSCHER 1990:409 ff.). Gesteine die als *Grundwasserstauer* bezeichnet werden, lassen Wasser nur sehr geringfügig durchsickern, wenn ihre Mächtigkeit und Lagerungsbeständigkeit gering ausfällt. Die weitaus weniger vorhanden vollständigen Grundwasserstauer wie Rupelton, stauen das Wasser auf Grund ihrer großen Mächtigkeit zu 100%. Wenn im Boden Grundwasserleiter durch Grundwasserstauer getrennt sind und diese übereinander liegen und Grundwasser enthalten, wird auch von *Grundwasserstockwerken* gesprochen. Befindet sich ein höheres, isoliertes Grundwasserstockwerk über der durchgängigen Grundwasseroberfläche, spricht man von schwebenden Grundwasser (MARCINEK, J. & E. ROSENKRANZ 1996:249 f.).

Abb. 1 Geohydrologische Begriffe (MARCINEK, J. & E. ROSENKRANZ 1996:249)

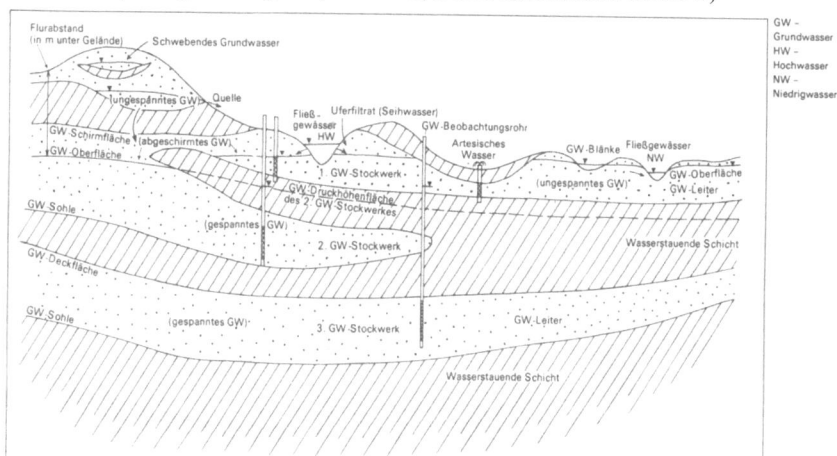

3.2 ungespanntes und gespanntes Grundwasser

Kann der Grundwasserspiegel auf Veränderungen des atmosphärischen Druck (Luftdruck) reagieren, spricht man vom *ungespannten oder freien Grundwasser*. Somit ist der Wasserdruck gleich dem Atmosphärendruck, da das Wasser durch Poren oder Klüfte im Gestein im direktem vertikalem Kontakt mit der Atmosphäre steht.
Das *gespannte Grundwasser* wird an seinem Aufstieg durch undurchlässige oder schlecht durchlässige Schichten gehindert. Der Grundwasserleiter füllt sich mit Wasser bis zur Deckfläche und Druck baut sich auf. Somit ist der Wasserdruck an der Deckfläche höher als der Luftdruck und beim Anbohren, von gespannten Grundwasser, steigt das Wasser im Standrohr über die obere Begrenzung des Aquifers im Rohr auf. Deshalb wird solch ein Grundwasserspiegel auch als Druckspiegel bezeichnet (BAUMGARTNER, A.& H.-J. LIEBSCHER 1990:406 ff.).
„Ein „Sonderfall" des gespannten Grundwassers ist das artesische Wasser, dass sobald es auf natürlichem oder künstlich geschaffenem Wege an die Erdoberfläche gelangen kann, ständig oder zeitweilig unter Druck austritt" (MARCINEK, J. & E. ROSENKRANZ 1996:250).

3

4 Grundwasserneubildung

„Die Feststellung der Grundwasserneubildung ist wichtig, weil nur so viel Wasser aus dem Grundwasser entnommen werden darf, wie sich neubildet, denn andernfalls wird die „Lagerstätte" erschöpft" (KELLER, R. 1980:57).
Die Grundwasserneubildung ist die wichtigste Ausgangsgröße im Grundwassersystem und wird als eine Funktion der Zeit angeben. Die *Grundwasserneubildungsrate* (G) bezeichnet, das Wasservolumen, dass der gesättigten Zone in einem bestimmten Gebiet, in einer bestimmten Zeit zugeführt wird. Die Grundwasserneubildungsrate wird noch mal unterschieden in die maximale Grundwasserneubildungsrate(G_o), die alles Sickerwasser beinhaltet, welches die gesättigte Zone (Grundwasser) erreicht und der abflusswirksamen Grundwasserneubildungsrate (G_a). Diese Grundwasserneubildungsrate speist schließlich den Abfluss. Die allgemeine Formel für die Grundwasserneubildungsrate lautet:

$$G = P - ET$$

P - Niederschlag
ET - Evatranspiration

(BAUMGARTNER, A.& H.-J. LIEBSCHER 1990:411 f.)

4.1 Faktoren der Grundwasserneubildung

Mehrere hydrologische Komponente und Einflussfaktoren tragen zur Neubildung von Grundwasser bei. Der Hauptteil geschieht durch die *Versickerung oder Infiltration von Niederschlag*, jedoch ist es nur Teil der Gesamtsummen die vom Niederschlag die Grundwasseroberfläche erreicht, denn der andere Teil fließt oberirdisch ab oder verdunstet. Je durchlässiger und weniger wassererfüllt die oberste Bodenschicht ist, um so größer ist die Versickerungsmenge. Neben der Bodenbeschaffenheit ist auch Art, Dauer und Intensität des Niederschlages von Bedeutung. Bei Dauerregen ist der Boden nach einiger Zeit gesättigt und nimmt daher weniger Niederschlag auf, ähnlich wie trockener Boden der nach kurzer Zeit aufquillt und wasserundurchlässig ist. Bei versiegelten Flächen oder Starkregen kommt es auf Grund der Bodenversiegelung bzw. Verdichtung auch zu einer geringen Niederschlagsversickerung. Bei nicht gefrorenem Boden und langsamen Tauvorgängen kommt es zu großflächigen und starken Versickerungen des Niederschlages in den Untergrund.
Die *Infiltration aus Oberflächengewässern* stellt auch einen nicht zu vernachlässigen Faktor bei der Grundwasserneubildung dar. Sobald der Wasserspiegel des stehenden oder fließenden Gewässer höher liegt als die Grundwasserspiegel kommt es zur Uferinfiltration auf Grund des Druckgefälles. Die geschieht vor allem bei Hochwasser, doch bei Gewässerverschmutzung kann es durch die Inhaltsstoffe zu einer Verschlammung des Gewässerbettes führen und somit zu einem Stop der Grundwasserneubildung.
Das Wasser in der gesättigten Zone wird teilweise auch durch *Kondensation des Wasserdampfes* im Boden gespeist. Dieser Faktor hat aber nur eine untergeordnete Rolle und tritt häufig in semiariden Gebieten auf, wo große Temperaturschwankungen zwischen Tag und Nacht herrschen. Im humiden Klimabereich spielt diese Art der Grundwasserneubildung nur eine geringe Rolle.
Die Grundwasserneubildung kann außerdem durch den *Aufstieg von juvenilen Wassers* erfolgen. Das aufsteigende Wasser verbindet sich mit dem aus dem Niederschlag entstehenden Wasser im Boden, jedoch macht diese Wassermenge einen äußerst geringen Teil bei der Grundwasserneubildung aus.
Bei der *künstlichen Infiltration*, findet eine künstliche Anreicherung des Grundwassers statt. Dies geschieht um landwirtschaftliche Erträge zu steigern, Wasserversorgung von Städten zu sichern, Abwasserbeseitigung und zur Verhinderung des Eindringens von Salzwasser. Oft ist diese Form die einzigste Möglichkeit wieder einen Ausgleich zu zuvor entnommenen

Grundwasser zuschaffen und die natürliche Grundwasservorräte zu ergänzen um den Wasserbedarf zu decken (MARCINEK, J. & E. ROSENKRANZ 1996:244 ff.).
Ein sehr wichtiger Faktor der die Grundwasserneubildung bestimmt ist die *Evapotranspiration*. Denn je nach Flurabstand („lotrechter Abstand zwischen einem Punkt der Erdoberfläche und der Grundwasseroberfläche des ersten Grundwasserstockwerks" - SCHÖNIGER, M. & J. DIETRICH 2001) kommt es zu einem stärken oder schwächeren Entzug des Bodenwassers durch Evapotranspiration. Vor allem in der Vegetationsperiode ist die Evatranspiration größer als der Niederschlag, daher kommt es auch zu geringen bis gar keiner Grundwasserneubildung. Die Evapotranspiration ist außerdem sehr stark von der Vegetation und der Bodennutzung abhängig. Unter Ackerfläche ist sie am größten und nimmt mit Bewuchs ab und unter Wald ist sie schließlich am geringsten, außer der Wald steht auf einem sandigen Boden, denn da können sehr große Grundwasserneubildungsraten erreicht werden (DYCK, S. & G. PESCHKE 1995:326). So führen Böden wie Löß oder Ton mit einer geringen Porengröße zu einer sehr geringen Grundwasserneubildung. Im Gegensatz sind es hohe Neubildungsraten bei aufgelockerten und geklüfteten Böden und Felsen. „Die Grundwasserneubildung schwankt aber auch jahreszeitlich sehr stark (hohe Werte im Winterhalbjahr, geringe oder ausbleibende Grundwasserneubildung im Sommer und Herbst) und wird durch längere Naß –oder Trockenwetterperioden beeinflußt" (BAUMGARTNER, A.& H.-J. LIEBSCHER 1990:412).

Abb. 2 Abhängigkeit der Evapotranspiration ET von der Korngröße der Böden, vom Flurabstand des Grundwassers (grundwassernah < 0,8m) und von der Vegetation nach Lysimetermessungen in Mitteleuropa (nach Dörhöfer & Josopait 1980, etwas geändert). T = Ton; L,1 = Lehm, lehmig; Lo = Löß; S,s = Sand, sandig (BAUMGARTNER, A.& H.-J. LIEBSCHER 1990:413)

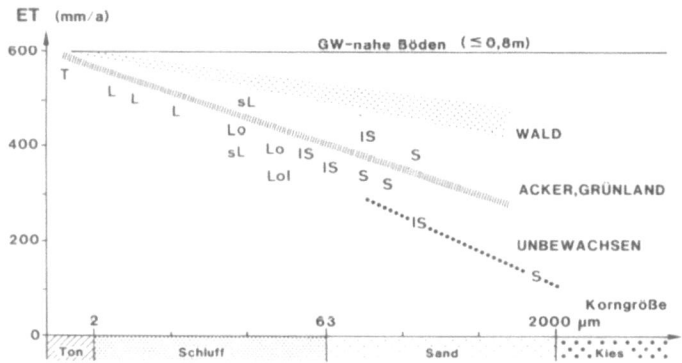

Weiterhin ist die Grundwasserneubildung bei gleichem Klima vom Wassergehalt und Wasserspannung und der Durchlässigkeit abhängig. Die Hangneigung ist auch nicht zu unterschätzen, denn bei einem geneigtem Hang kommt es eher zu oberirdischen Abfluss oder zu Interflow als bei einer ebenen Fläche (KLEEBERG, H.-B. 1992:277 ff.).

4.2 Unterirdisches Einzugsgebiet

Einzugsgebiete werden durch Wasserscheiden begrenzt, wobei Erhebungen wie Berge, Kämme und Hügel dies bei oberirdischen Einzugsgebieten darstellt. Bei unterirdischen Einzugsgebieten sind es unterirdische Wasserscheiden wie Kammlagen in der Grundwasseroberfläche (DYCK, S. & G. PESCHKE 1995:322). Bei Übereinstimmung der Topografie mit den tektonischen Verhältnissen können beide Einzugsgebietsbegrenzungen

deckungsgleich sein. Häufig ist sind die beiden Einzugsgebiete sehr unterschiedlich begrenzt, jedoch gleichen sich die Differenzen bei großen Gebieten aus. Bei kleinen Einzugsgebieten ist das unterirdische Einzugsgebiet gut zu erkunden und abzugrenzen. Die unterirdischen Wasserscheiden werden mit Hilfe des Geohydrologischen Dreieckes ermittelt (MARCINEK, J. & E. ROSENKRANZ 1996:250 f.).
„Beim Vergleich von ober- und unterirdischem Einzugsgebiet (Bild 4.18.) ist zu beachten, daß das letztgenannte wegen der zeitlichen Veränderung der Grundwasserstände (16.5.) veränderte Grenzen und damit eine zeitvariable Fläche hat" (DYCK, S. & G. PESCHKE 1995:324). Die Wasserscheiden bestimmen die Fließrichtung des Infiltrierten Wasser und somit auch die Richtung des Grundwasserstromes.

Abb. 3 Wasserscheiden (JORDAN, H. & H.-J. WEDER 1995:36)

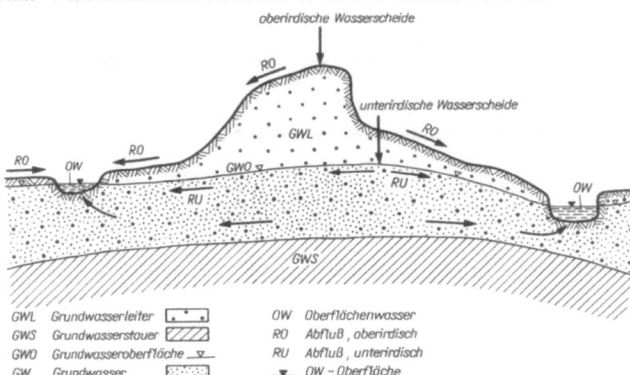

5 Grundwasserbewegung

„Die Grundwasserbewegung ist nur möglich, wenn auch zusammenhängende Hohlräume vorhanden sind. In einem Gebiet, das keine Hohlräume enthält, kann sich kein Grundwasser bewegen" (HÖLTING , B. 1980:67).
Die Ermittlung der Grundwasserströmung ist schwierig, weil die abfließende Grundwassermenge nur schwer zu bestimmen ist. Außerdem stellt die klare Unterscheidung zwischen unterirdischen Wasserläufen und Grundwasserströmungen ein Problem dar (GIESSLER, A. 1957:87).Das Grundwasser fließt den geringsten Widerstand nutzend von einem höher gelegenen Teil in einen tieferen Bereich des Grundwasserleiters. Einfluss auf die Strömungsrichtung und – geschwindigkeit haben die Lage und die Neigung des Aquifers und das Gefälle der Grundwasseroberfläche. Am Ende nimmt das Grundwasser wieder am oberirdischen Wasserkreislauf teil, es tritt an Quellen, Brunnen und Vorflutern allgemein wieder an das Tageslicht. Zur Bestimmung der Größe und Richtung des Grundwassergefälles dient ein Geohydrologisches Dreieck (MARCINEK, J. & E. ROSENKRANZ 1996:250).

Abb. 4 Geohydrologisches Dreieck (MARCINEK, J. & E. ROSENKRANZ 1996:251)

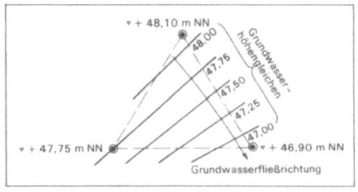

Die Eckpunkte von 3 Grundwasserbeobachtungsrohren oder Messstellen bilden ein gleichseitiges Dreieck und dadurch werden die Grundwasserhöhengleichen oder Hydroisohypsen gebildet. Die Fließrichtung des Wassers verläuft immer senkrecht zu den Hydroisohypsen, der Richtung des am stärksten abnehmenden Gefälles (DYCK, S. & G. PESCHKE 1995:323). Die Wasserführung in den unterirdischen Hohlräumen, Röhren schwankt sehr stark. Bei Starkregen, langanhaltenden Niederschlägen und während der Schneeschmelze füllen sich die Hohlräume fast vollständig mit Wasser. Es kommt zum Anstieg des Wassers in den aufsteigenden Hohlraumabschnitten und bei einer Verbindung zur Erdoberfläche, zum plötzlichen Auftreten von Quellen , die nach dem Ende der Ereignisse wieder versiegen (MARCINEK, J. & E. ROSENKRANZ 1996:242).

5.1 Dynamik des Grundwassers

„Die Dynamik (Bewegung) des Grundwassers wird ausschließlich oder nahezu ausschließlich von der Schwerkraft und den durch die Bewegung selbst ausgelösten Reibungskräfte bestimmt (DIN 4049, Teil 1)" (HÖLTING, B. 1980:67). Die Strömungsgeschwindigkeit des Grundwassers ist äußerst gering und nur in selten Fällen befindet sich das Grundwasser in völliger Ruhe. Wenn sich das Wasser durch die Hohlräume im Gestein bewegt trifft es auf Widerstand. Je kleiner die Zwischenräume(Poren) sind umso geringer ist auch die Durchflussmenge bzw. die Fließgeschwindigkeit des Grundwassers (v) pro Zeiteinheit. Als Folge wölbt sich die Grundwasseroberfläche auf, da die Grundwasserneubildung größer ist als die *Grundwasserzehrung*. Bei künstlicher Entnahme (Brunnen) oder dem Überwiegen der Grundwasserzehrung bei oberflächennahem Grundwasser kommt es zu einem *Absenkungstrichter* (DYCK, S. & G. PESCHKE 1995:321).

Die Grundwasserfließgeschwindigkeit wird in m/s angegeben und ist abhängig von der Durchlässigkeit des Grundwasserleiters. Dieser Durchlässigkeitswert (k_f) oder Filtrationskoeffizient, Bodenkonstante, Durchlässigkeitsziffer oder Reibungswert ist Abhängig von der Eigenschaft des Lockersedimentes(Anzahl, Größe &Größenverteilung der Poren) und der Temperatur und Viskosität des Wassers.

Abb.5 Durchlässigkeitsbeiwerte für unterschiedliche poröse Medien (HOLZBECHER, E. 1996:36)

Gesteinstyp	Durchlässigkeit [m/s]	Permeabilität [m²]	Permeabilität [Darcy]
Kies	$>10^{-2}$	$>10^{-9}$	>10000
Kiessand	$10^{-3}-10^{-2}$	$10^{-10}-10^{-9}$	$1000-10000$
Grobsand	$10^{-4}-10^{-3}$	$10^{-11}-10^{-10}$	$10-100$
Feinsand	$10^{-6}-10^{-4}$	$10^{-13}-10^{-11}$	$10^{-1}-10$
sandiger Ton	$10^{-9}-10^{-8}$	$10^{-16}-10^{-15}$	$10^{-4}-10^{-3}$
Ton	$<10^{-9}$	$<10^{-17}$	$<10^{-5}$

In der Natur gibt es jedoch verschiedenste Mischungen von Korngrößen und ein sehr differenziertes Bild des Porenvolumen. Die Bestimmung des k-Wertes in der Natur ist auf Grund des raschen Wechsel der Verhältnisse im Boden auf kürzester Entfernung schwierig (KELLER, R. 1980:55).
Die *Fließgeschwindigkeit* ist abhängig vom Durchlässigkeitswertes (k-Wert) und dem Gefälle (**I** = h/l). Diese Gesetzmäßigkeit in einer Formel ist das *Darcy-Gesetz* (MARCINEK, J. & E. ROSENKRANZ 1996:252)

$$V = k_f \bullet I$$

Durch das Darcy-Gesetz lässt sich der unterirdische Durchfluss pro Zeiteinheit berechnen:

$$Q = k_f \bullet I \bullet F \quad (\text{l/s oder m}^3\text{/s})$$

Q - Durchfluss
K_f - Durchlässigkeitsbeiwert
I - h/l Grundwassergefälle
F - Durchflussfläche senkrecht zur Fließrichtung des Grundwassers
(MARCINEK, J. & E. ROSENKRANZ 1996:253)

5.2 Das Darcy Gesetz

$$V_f = k_f \bullet I$$

Das Darcy-Gesetz beschreibt die Proportionalität von *Fließgeschwindigkeit* v_f und dem hydraulischen Gradienten. Beim Darcy-Gesetz wird an genommen, dass das Wasser eine offene Röhre gleichmäßig, laminar durchströmt und den vollen Durchflussquerschnitt einnimmt. Damit ist das Darcy-Gesetz nur auf die gesättigte eindimensionale Strömung beschränkt. Es findet daher keine Anwendung :   bei hohen Geschwindigkeiten
bei hohen Druckdifferenzen
in klüftigem Gestein
im Karst.
(HOLZBECHER, E. 1996:37)
Da aber der Porenraum bei der Fließgeschwindigkeit berücksichtig werden muss, wird die *Abstandsgeschwindigkeit* v_a berechnet. „ Die Abstandsgeschwindigkeit berücksichtigt, daß die für die Wasserströmung verfügbare Querschnittsfläche kleiner ist als der Gesamtquerschnitt"
(RINGVORLESUNGSSKRIPT 2001:116).

$$V_a = Q/A_{ne}$$

Q-Durchflussmenge
A- Querschnittsfläche
ne- effektive Porosität
(RINGVORLESUNGSSKRIPT 2001:116)

Zur Berechnung der Abstandsgeschwindigkeit v_a werden *Tracer* (Markierungsstoff) verwendet. Die zur Grundwassermarkierung dienenden Tracer können neben Farbstoffen auch radioaktive Isotope (^{3}H) oder biologische Tracer (Pollen) oder Salze bzw. Elektrolyte (NaCl) sein. Die Tracer bewegt sich in Fließrichtung und es kommt zu einer Verdünnung und Vermischung mit dem Grundwasser. Das Erschienungsbild wird als Tracerwolke bezeichnet (JORDAN, H. & H.-J. WEDER 1995:46).
Die wahre Weglänge des Wassers in Poren und Klüften vom Eingangspunkt bis zum Ausgangspunkt kann nicht gemessen werden. Diese Geschwindigkeit wird Bahnliniengeschwindigkeit v_b genannt und dafür gibt es noch keine Berechnungen (RINGVORLESUNGSSKRIPT 2001:116).

5.3 jährliche Schwankungen des Grundwassers

Das Grundwasser und der *langfristiger Basisabfluss* unterliegen jahreszeitlichen Schwankungen. Der langfristiger Basisabfluss als kontinuierliche fließende Abflusskomponente(Grundwasserabfluss) entspricht dem minimalen Grundwasserangebot. Die Grundwasseroberfläche steigt und sinkt als Folge von Grundwasserzufluss und – abfluss, Kapillaraufstieg und Grundwasserneubildung und anthropogenen Einflüssen (DYCK, S. & G. PESCHKE 1995:214ff).
Allgemein kommt es in den Monaten Januar und Februar zu einem geringen Anstieg des Grundwasserspiegels durch Grundwasserneubildung(Versickerung von Niederschlag). Durch

die Schneeschmelze im März und April kommt es zum kräftigsten Zugang im Jahr. Im Verlauf der Vegetationsperiode(April-September) überwiegt die Evapotranspiration gegenüber dem sommerlichen Starkregen. Die meisten Niederschläge bleiben im Boden „stecken", speisen nur die ungesättigte Zone und es kommt zu keiner Speisung des Grundwassers. Das Minimum des Grundwasserspiegels ist im Oktober erreicht, von da an steigt er wieder an (HARTGE, K.-H. & R. HORN 1999:168f.).
Der Grundwasserspiegel von ungespannten Grundwasser unterliegt größeren Schwankungen als der von gespannten Grundwasser. Bei ungespannten Wasserspiegeln von Kluft- und Karstwässern gibt es eine größere Amplitude der Lageveränderung als bei Grundwasserspiegeln im porösen Gestein (MARCINEK, J. & E. ROSENKRANZ 1996:253).

Abb. 6 Typische sommerliche Durchflussrückgangsperiode in einem Einzugsgebiet des Mittelgebirges [64]   (DYCK, S. & G. PESCHKE 1995:214)

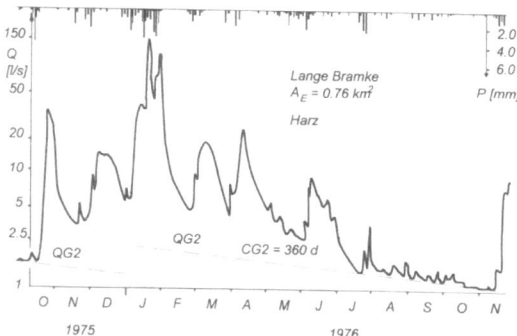

5.4 Retention- Rückhaltevermögen

Retentionsvermögen (Rückhaltevermögen) eines Aquifers ist der Ausdruck der unterirdischen Speicherkapazität von Infiltraten und ein wichtiges Charakteristikum von unterirdischen Einzugsgebieten und Aquiferen. Durch das Retentionsvermögen, kommt es zu einer Verzögerung zwischen dem Niederschlagsereignis(input) zum Grundwasserleiter und Abgabe (output) als Abfluss im Vorfluter (Quellen). Grundwasserleiter mit gutem Retentionsvermögen geben stark verzögert den input ab und haben ein gutes Speichervermögen. Beim umgekehrten Fall kommt es zu einem raschen Durchfluss bei einer schlechten Speicherfähigkeit im Grundwasserleiter (Karstaquifer) (JORDAN, H. & H.-J. WEDER 1995:34).
Zur Berechnung dient daher der *spezifische Speicherkoeffizient*. Der spezifische Speicherkoeffizient S_S (m^{-1}) ist das pro Volumen V_0 und Standrohrspiegelhöhenänderung Δh (*t*) aufgenommene oder freigesetzte Wasservolumen ΔV_w:

$$S_S = \Delta V_w \ / \ V_0 \cdot \Delta h \ (t).$$

(SCHÖNIGER, M. & J. DIETRICH 2001:o.S.)

Abb. 7 Übersicht über die unterirdischen Wasserwege(nach Busch und Luckner 1972) (MARCINEK, J. & E. ROSENKRANZ 1996:241)

9

Typ	Durchlässigkeit	Speicher-vermögen	Filter-wirkung	Temperatur
Poren-kanäle	sehr gut durchlässig bis undurchlässig	relativ groß	meist sehr gut	wenig schwankend
Lösungs-hohlräume	meist unterirdische Wasserläufe (Massenströmung)	relativ gering	nicht vorhanden	schwankend
Klüfte und Schicht-flächen	gering	relativ gering	meist gut	wenig schwankend
Spalten	sehr groß (Massenströmung)	relativ gering	kaum vorhanden	schwankend
Zerrüt-tungs- und Bruchzonen	unterschiedlich (Auftreten einer Massen- oder Filterströmung)	ver-schieden	ver-schieden	meist wenig schwankend

5.5 Grundwasserzehrung

Außer im Sonderfall, dass unterirdisches Wasser in größere Tiefen versickert und dort über lange Zeiträume stagniert (fossiles Wasser), kommt es zur Zehrung des unterirdischen Wassers. Ein großer Teil tritt zutage als *Quellen,* die bis zu 200 unterschiedliche Namen tragen.. Grob kann man sie in *absteigende Quellen*(Grundwasser bewegt sich Gefälle abwärts zur Quelle) und *aufsteigenden Quellen* (Grundwasser muss vor Austritt sich aufwärts bewegen) unterteilen. Ein anderer Teil des Grundwasser geht durch *Evapotranspiration* verloren, die sehr abhängig von der Bepflanzung und Bodenutzung ist. Diese Form der Grundwasserzehrung erfolgt, wenn der Grundwasserspiegel sehr nah an der Erdoberfläche ist.. Besonders in der Vegetationsperiode tritt diese Form der Zehrung verstärkt auf, da die Pflanzenwurzeln weit in den Untergrund (Kapillarwasserbereich) reichen. In Niederschlagsgebieten und Uferzone (Seen) wo der Grundwasserspiegel knapp unter der Erdoberfläche ist, übersteigt die Zehrung durch Evapotranspiration meist die mittlere jährliche Summer der Grundwasserneubildung. Solche Gebiete werden auch als *Zehrflächen* bezeichnet. Eine Grundwasserzehrung erfolgt auch durch *anthropogene Einflüsse*, wie die Entnahme von Grundwasser aus Brunnen (MARCINEK, J. & E. ROSENKRANZ 1996:247). Außerdem kann eine Zehrung des Grundwassers durch *kapillaren Aufstieg* erfolgen. Durch Saugkraft wird das Wasser in die ungesättigte Zone verlagert (KRAUSE, P. 2000:101).

6. Grundwassermodellierung

Die Grundwassermodellierung ist schwierig, da nur durch einzelne Bohrungen die gesättigte Zone zugänglich ist. Außerdem sind Fließgeschwindigkeit und Grundwasserabflussanteile nicht direkt messbar und diese Prozesse verlaufen nur sehr langsam. Deshalb sind auch sehr technisch aufwendige Geräte nötig und rechenaufwendige Auswertverfahren Vorraussetzung (SCHÖNIGER, M. & J. DIETRICH 2001: o. S.).

6.1 Grundwasserhaushalt

Die Bilanzierung des Grundwasserhaushaltes gelten nur für ein bestimmtes Gebiet und eine bestimmte Zeitspanne. Diese Zeitspanne muss mehrere Jahre betragen(> 50), damit sich kurzfristige Speicheränderungen(Grundwasserschwankungen) ausgleichen (JORDAN, H. & H.-J. WEDER 1995:36). Damit ergibt sich folgende Gleichung :

$$\text{Wasserhaushalt:} \quad Q_g = P - ET - Q_d$$

Q_g = Grundwasserabfluss
P = Niederschlag
ET = Evatranspiration
Q_d = Direktabfluss

(BAUMGARTNER, A.& H.-J. LIEBSCHER 1990:459)

6.2 Modell der Verweildauer

Bei diesem zweidimensionalen Modell, müssen das Potentiallinienfeld, die hydraulische Leitfähigkeit und der durchflusswirksame Holraumanteil des Aquifers vom Regenerationsgebiet (Input- Bereich) bis zur Austrittsstelle des Grundwassers(Output) bekannt sein. Dann kann mit Hilfe der Darcy- Gleichung die Filter - bzw. Abstandsgeschwindigkeit v_a und damit die Verweildauer t des Grundwassers im Aquifer berechnet werden (BAUMGARTNER, A.& H.-J. LIEBSCHER 1990:443).

$$t = \sum \Delta t = \frac{n_f}{K \cdot \text{grad } h} \cdot \sum \Delta l.$$

t = Verweildauer
n_f = durchflusswirksamer Hohlraumanteil
K = hydraulische Leitfähigkeit
grad h = Potentialdifferenz   (BAUMGARTNER, A.& H.-J. LIEBSCHER 1990:443).

6.3 Piston-Flow-Modell

Dieser Ansatz setzt voraus, dass alle Fließlinien parallel zueinander verlaufen und jedes Wasserteilchen vom Input bis zum Outputbereich gleich lange Zeit benötigen. In diesem Modell gibt es keine Durchmischung und Austauschvorgänge im Aquifer. Der Tracer tritt nach der Zeit t sofort in seiner ursprünglichen Konzentration an der Austrittsstelle aus. Diese Modell findet Anwendung bei Karstaquiferen (BAUMGARTNER, A.& H.-J. LIEBSCHER 1990:444).

6.4 Dispersions-Modell

In diesem Modell wird von einer Vermischung der Grundwässer unterschiedlicher Alter und Konzentrationen ausgegangen. Dies geschieht vor allem in Porengrundwasserleitern und im Poren- und Kluftraum vereinigen und teilen sich ständig die „Wasserfäden". Mit zunehmenden Fließweg, tritt auch eine verstärkte Vermischung der benachbarten Fließlinien ein. „ Die Ausbreitung dieser Vermischungszone quer zur Fließrichtung wird als transversale Dispersion, die durch unterschiedliche Fließgeschwindigkeit verursachte Ausbreitung in Längsrichtung dagegen als longitudinale Dispersion bezeichnet ... " (BAUMGARTNER, A.& H.-J. LIEBSCHER 1990:444). Normal ist die longitudinale Dispersion größer als die transversale. Die Dispersion ist abhängig von der gesteinsspezifischen Größe und der mittleren Fließgeschwindigkeit des Grundwassers (BAUMGARTNER, A.& H.-J. LIEBSCHER 1990:444 f.).

6.5 Exponentialmodell

Der Ansatz dieses Modells ist, dass an der Austrittsstelle Grundwasser erscheint, das verschieden lange Wege mit unterschiedlichen Fließgeschwindigkeiten im Aquifer zurückgelegt hat. Das austretende Grundwasser ist ein Gemisch verschieden alter Grundwässer, wobei der Anteil des älteren Wassers gegenüber dem mittleren und jüngeren unterliegt. Die Altersverteilung kann durch diese Formel beschrieben werden:

Relativer Anteil eines Wassers mit der Verweilzeit **t** :

$$g_t = \frac{1}{t_m} \cdot e^{-\frac{t}{t_m}} \ . \qquad\qquad t_m = \frac{V_w}{Q} \ .$$

t_m = mittlere Verweilzeit des Grundwassers im Aquifer

V_w = Wasservolumen im Aquifer

Q = Auslaufrate   (BAUMGARTNER, A.& H.-J. LIEBSCHER 1990:445)

Für Quellwasser hat man eine mittlere Verweilzeit **t_m** von 10 Jahren bestimmt, dies bedeutet, dass ein vor 1 Jahr flächenhaft eingedrungenes Niederschlagswasser mit einem Anteil von

$$g_{t=1} = \frac{1}{10} \cdot e^{-\frac{1}{10}} = 0,09 \ (= 9\,\%)$$

im Grundwasser auftritt. Mit dem Exponentialmodell wird mit Hilfe der im Grundwasser nachzuweisenden Umweltisotope die mittlere Verweildauer des Grundwassers im Grundwasserleiter bestimmt (BAUMGARTNER, A.& H.-J. LIEBSCHER 1990:445).

7. Vergleich Grundwassermodellierung mit Einzugsgebietsmodellen

Bei der Grundwassermodellierung muss beachtet werden, dass das unterirdische Einzugsgebiet sich meist vom oberirdischen abhebt (vgl. 4.2 unterirdisches Einzugsgebiet). Für den Wasserhaushalt eines oberirdischen Gebietes muss sowohl das oberirdische und das unterirdische Einzugsgebiet bekannt sein. Die Kenntnis über das unterirdische Einzugsgebiet ist für den Grundwasserhaushalt ausreichend (BAUMGARTNER, A.& H.-J. LIEBSCHER 1990:459). Das am Wasserkreislauf teilnehmende aktive Grundwasser steht mehr oder weniger in *enger Beziehung* zu den Oberflächengewässern. So kommt es bei Hochwässern zu einer Speisung des Grundwassers durch das Oberflächenwasser. Umgekehrt ist der Fall, wenn Grundwasser die Oberflächengewässer (Flüsse) bei Niedrigwasserzeiten speist. Auch in Karstgebieten finden sich Übertritte vom Oberflächenwasser zu Grundwasser. Die *Zeitmaßstäbe* bei der Modellierung beider Gebiete erweisen sich auch als sehr unterschiedlich. Die Fließprozesse der Oberflächengewässer sind im Vergleich zum Grundwasser sehr schnell. Die langsamen hydraulischen Prozesse im Grundwasserbereich werden auch als quasistationäre Nährung bezeichnet (DYCK, S. & G. PESCHKE 1995:72). Bei der Grundwassermodellierung sind wichtige Parameter wie Bahnliniengeschwindigkeit (wahre Weg des Wassers) nicht ermittelbar. Für das oberirdische Einzugsgebiet sind die Daten an der Erdoberfläche und in der Atmosphäre gut messbar. Im Grundwasserbereich fehlen noch K-Wert Beziehungen für wichtige Leitprofile, Verfahren zur Ermittlung der K-

Wert Beziehung für Böden mit Aggregatgefüge und Verfahren zur Ableitung von Wasserbindungs- und Wasserleitfunktionen (KLEEBERG, H.-B. 1992:284).

8. Fazit

Die Grundwassermodellierung stellt sich wegen des komplexen und nichtvollständig bekannten Verhalten des Wassers in der gesättigten Zone als schwierig heraus. Jedoch sind Ansätze zur Modellierung gemacht, doch sind diese noch nicht ausgereift, denn der wahren Weg des Wassers im Untergrund ist (noch) nicht messbar. Durch die zeitliche Verzögerung der Prozesse im Grundwasserleiter, ist auch eine Verschmutzung des Grundwassers erst spät bemerkbar. Das Grundwasser stellt eine lebenswichtige Ressource dar, die auf jeden Fall geschützt werden muss.

9. Literatur

BAUMGARTNER, A. & H.-J. LIEBSCHER (1990): Allgemeine Hydrologie. Quantitative Hydrologie. Berlin, Stuttgart.

DYCK, S. & G. PESCHKE (1995³): Grundlagen der Hydrologie. Berlin.

GIESSLER, A. (1957): Das Unterirdische Wasser. Berlin.

HARTGE, K.-H. & R. HORN (1999³): Einführung in die Bodenphysik. Stuttgart.

HOLZBECHER, E. (1996): Modellierung dynamischer Prozesse in der Hydrologie. Grundwasser und ungesättigte Zone. Eine Einführung. Berlin, Heidelberg, New York Barcelona, Budapest, Hongkong, London, Mailand, Paris, Santa Clara, Singapur, Tokio.

HÖLTING, B. (1980): Hydrologie. Einführung in die Allgemeine und Angewandte Hydrologie. Stuttgart.

JORDAN, H. & H.-J. WEDER (Hrsg.)(1995²): Hydrologie Grundlagen und Methoden. Regionale Hydrologie: Mecklenburg-Vorpommern, Brandenburg und Berlin, Sachsen-Anhalt, Sachsen, Thüringen. Stuttgart.

KELLER, R. (1980): Hydrologie. Darmstadt.

KLEEBERG, H.-B. (Hrsg.)(1992): Regionalisierung in der Hydrologie. Ergebnisse von Rundgesprächen der Deutschen Forschungsgemeinschaft. Weinheim, Basel, Cambridge, New York.

KRAUSE, P. (2000): Das hydrologische Modellsystem J2000. Beschreibung und Anwendung in Großen Flussgebieten. Umwelt 29, Jülich.

MARCINEK, J. & E. ROSENKRANZ (1996²): Das Wasser der Erde. Eine geographische Meeres- und Gewässerkunde. Gotha.

SCHÖNIGER, M. & J. DIETRICH (2001): Hydrologie. Grundwasser. httm://www.hydroskript.de/html/_index.html. Zugriff am 22.06.2002

O. V. (2001): Skript Ringvorlesung. Eine Einführung in die Geowissenschaften WS 2001/02.